Bawa Bamaiyi

Efeito das plantas na taxa de corrosão do aço macio em meio ácido

Bawa Bamaiyi

Efeito das plantas na taxa de corrosão do aço macio em meio ácido

ScienciaScripts

Cover image: www.ingimage.com

This book is a translation from the original published under ISBN 978-3-659-85546-7.

Publisher:
Sciencia Scripts
is a trademark of
Dodo Books Indian Ocean Ltd. and OmniScriptum S.R.L publishing group

120 High Road, East Finchley, London, N2 9ED, United Kingdom
Str. Armeneasca 28/1, office 1, Chisinau MD-2012, Republic of Moldova, Europe
Managing Directors: Ieva Konstantinova, Victoria Ursu
info@omniscriptum.com

Printed at: see last page
ISBN: 978-620-8-40327-0

Índice:

2016

ANÁLISE COMPARATIVA DO EFEITO DA ALFARROBA E DA SEIVA DE BANANEIRA NA TAXA DE CORROSÃO DO AÇO MACIO EM MEIO ÁCIDO

BY

Bawa Bamaiyi

Departamento de Engenharia Mecânica Federal Polytechnic Kaura Namoda, Estado de Zamfara, Nigéria

bawabamaiyi@yahoo.com

DEDICAÇÃO

Este trabalho é dedicado a Deus Todo-Poderoso, de cuja misericórdia desfrutei, e à minha mulher, cujo amor e conforto prezo.

RECONHECIMENTO

Gostaria de agradecer aos colaboradores do Engr. Mamake Peni, Engr. Akai e Engr. Polycap que dedicaram o seu tempo a ler este livro e deram os contributos necessários. Quero agradecer a todos os autores cujas obras foram citadas neste livro.

Por último, gostaria de agradecer a Mailafiya que me apoiou durante os testes experimentais no laboratório.

RESUMO

2,5 ml de etanol é utilizado em extractos de plantas de feijão locus [*parkiabiglobosa*] e seiva de banana (*musaparadisiaca*) como inibidores de corrosão para aço macio em HCl diluído 1M foram investigados utilizando técnicas de perda de peso. Os testes de corrosão foram primeiro realizados durante 1 e 3 horas de tempo de imersão, respetivamente, em várias concentrações de extractos (0,5 ml, 1,0 ml, 1,5 ml, 2,0 ml e 2,5 ml) e 2,5 ml foram utilizados como inibidores de corrosão e a diferentes temperaturas (38° C, 45° C e 55° C). Os resultados mostraram que a taxa de corrosão mínima obtida durante 1 hora a 38° C com o extrato de *Pakiabiglobosa* é de 0,85x10-4g/cm^3 /mm e uma eficiência de 18,75% durante 1 hora, enquanto a 55° C a taxa de corrosão foi de 4,37x10-4 g/cm^3 /min e uma eficiência de 33%. Com o extrato etanólico de seiva de banana, a taxa de corrosão e a eficiência mínimas registadas a 38°C foram (4,16x10^{-4} g/cm^3 /min e eficiência de (22,1%), enquanto a 55° C foram (0,83x10^{-4} g/cm^3 /min) e (7,6%) respetivamente. A partir destes resultados, conclui-se que os extractos de alfarroba e de seiva de bananeira podem ser utilizados com êxito como inibidores de corrosão num meio ácido específico.

Capítulo 1

1.1 INTRODUÇÃO

De todos os problemas metalúrgicos que se colocam à civilização, apenas alguns podem ser economicamente mais importantes do que a prevenção da corrosão metálica. O ataque ambiental aos metais produz um efeito destrutivo nas suas propriedades físicas e mecânicas que, consequentemente, contribui para perdas económicas, prejudica a segurança do equipamento operacional e, invariavelmente, esgota as nossas reservas de metal (Njoku, 2002).

A corrosão é definida como a degradação de um material devido à reação com o seu ambiente. A degradação implica a deterioração das propriedades físicas do material. Pode ser o desgaste do material devido à perda de área da secção transversal. Pode ser o estilhaçamento de metais devido à fragilização por hidrogénio ou pode ser a fissuração de um polímero devido à exposição à luz solar; os materiais podem ser metais, polímeros (plásticos, borracha, etc.), cerâmica (tijolos de betão, etc.) ou mistura mecânica composta de dois ou mais materiais com propriedades diferentes (Kennedy, 2015)

A corrosão é também definida como um processo natural que converte o metal refinado nos seus óxidos mais estáveis. É uma destruição gradual de materiais (geralmente metais) por reação química com o seu ambiente. Na utilização mais comum da palavra, isto significa a oxidação eletroquímica de metais em reação com um oxidante como o oxigénio. A corrosão do aço é um problema dispendioso; de facto, o custo direto anual da corrosão metálica a nível mundial é de 2,2 biliões de dólares. A América do Norte é um grande contribuinte para este custo anual, uma vez que o custo anual da corrosão nos EUA é de 432 mil milhões de dólares, o equivalente a 3,0% do produto interno bruto (PIB). Embora a corrosão do aço, seja no solo atmosférico, na água ou noutras exposições, seja um fenómeno natural, as estimativas mostram que 25-30% poderiam ser evitados se fossem utilizados métodos de corrosão adequados (American Galvanizers Association, 2015).

Devido aos problemas decorrentes da corrosão, foram inovados vários métodos de controlo e prevenção da corrosão: utilização de revestimentos protectores, seleção adequada de materiais, ligas, conceção adequada, proteção catódica, utilização de inibidores, etc. O método utilizado para qualquer aplicação específica baseia-se em considerações económicas, na natureza do ambiente corrosivo, na eficiência e na consideração dos custos (Rozenfeld, 1981). De acordo com Gosta, 1982 e Schmitt, 1984, os inibidores são utilizados numa vasta gama de aplicações, tais como em oleodutos, sistemas domésticos de aquecimento central, sistemas industriais de arrefecimento central, proteção anticorrosiva de máquinas, em centrais eléctricas, extração de metais, extração de petróleo, processamento químico e proteção de metais que operam em ambiente corrosivo. Os inibidores são também utilizados na remoção química de óxidos superficiais da superfície do metal por imersão numa solução ácida; um processo designado por decapagem. Os óxidos ferrosos dissolvem-se facilmente em soluções ácidas durante a decapagem, de tal modo que os óxidos são atacados em primeiro lugar, facilitando a remoção das incrustações (Rozenfeld, 1981). O desenvolvimento de técnicas de decapagem (decapagem por ultra-sons) não elimina a utilização de inibidores, mas oferece uma solução para os problemas de poluição ambiental e de melhoria do rendimento da decapagem (Goode *et al*, 1996).Os inibidores são utilizados predominantemente para o controlo da corrosão em sistemas fechados como uma alternativa económica à utilização de materiais altamente resistentes à corrosão. Devido aos requisitos ambientais que são atualmente impostos ao desenvolvimento de inibidores mais limpos, foram propostos taninos vegetais (uma classe de compostos orgânicos naturais, não tóxicos, biodegradáveis e que podem ser obtidos a custos reduzidos). Este trabalho relata as recentes utilizações de vários taninos vegetais na proteção contra a corrosão, particularmente como inibidores da corrosão do aço macio em meios ácidos. Os critérios práticos para a seleção de inibidores de corrosão não são apenas a sua eficiência de inibição, mas também a segurança de utilização, as restrições económicas e a capacidade com outros produtos químicos no sistema e as preocupações ambientais (Rahim e Kassim, 2008).

Os cromatos são geralmente aceites como inibidores de corrosão eficazes que podem passivar metais através da formação de uma película de óxido monoatómico ou poliatómico na superfície do elétrodo.

No entanto, a principal desvantagem é a toxicidade do estado de oxidação do crómio (VI), sendo esta a razão para a procura de alternativas menos tóxicas (Rozenfield, 1981).

Estudos actuais demonstraram que os taninos vegetais são bons inibidores para metais e ligas em meios ácidos e que os seus mecanismos de inibição dependem do ambiente agressivo e do valor do pH. No entanto, estudos extensivos de proteção contra a corrosão por estes taninos, avaliados através de técnicas electroquímicas, testes acelerados, medições de perda de peso e modelação molecular, estão limitados a substratos de ferro e aço.

No entanto, nesta investigação, foram utilizados extractos de plantas de Parkia Bigloloosa e seiva de banana (musa paradisiaca) como inibidores para minimizar a taxa de corrosão do aço macio em ambiente ácido, utilizando o método de perda de peso.

1.2 Antecedentes do estudo

Os inibidores encontraram uma vasta gama de aplicações em processos metalúrgicos, tais como nos laminadores, onde os produtos laminados estão a ser descalcificados através do processo tecnicamente referido como "decapagem", que emprega a utilização de ácidos minerais, tais como os ácidos clorídrico [HCl] e tetraoxosulfato (VI) (H_2SO_4) (Kassim, 2008). Os inibidores de corrosão ácida são utilizados para assegurar que o ataque ao metal é minimizado tanto quanto possível. Em muitas indústrias, a necessidade de utilizar materiais de construção de forma segura, mas económica, é uma consideração primordial. Frequentemente, os requisitos físicos podem ser satisfeitos facilmente, mas os efeitos da corrosão complicam seriamente a seleção de materiais adequados. Geralmente, o aumento da resistência à corrosão só pode ser obtido a um custo mais elevado. No entanto, os custos reais relacionados com o material incorridos num projeto dependerão da corrosividade do ambiente em causa, da vida útil requerida, dos requisitos físicos do material e das existências prontamente disponíveis. A utilização industrial de inibidores de corrosão é, por conseguinte, atualmente ampla e extensiva (Rahim e Kasim, 2008).

A escolha do aço de baixo carbono para esta investigação não é alheia às suas qualidades únicas, tais como a excelente formabilidade, o baixo custo comparativo, a disponibilidade e a sua utilização diversificada em aplicações de engenharia (Njoku, 2002).

O HCl é um inibidor de corrosão padrão bem conhecido para os aços ao carbono em ambiente ácido e foi, por conseguinte, escolhido para efeitos de comparação e verificação dos resultados.

A escolha do ácido clorídrico está relacionada com a sua utilização predominante no tratamento químico do aço, por exemplo, para a decapagem de produtos laminados e como decapante durante o exame macro/microscópico de metais. O ácido é principalmente utilizado para decapagem porque facilita a lavagem dos materiais decapados devido à elevada solubilidade do cloreto em água (Ohio, 1982).

A escolha de extractos de plantas para esta investigação deve-se à recente descoberta de que alguns extractos de plantas, como a folha de taro [*xanthasoma]*, são utilizados como inibidores de corrosão em determinados ambientes. No entanto, para que um extrato de planta possa ser utilizado como inibidor, a planta deve ser barata, não tóxica e facilmente disponível (Abiola e Oforka, 2004). A escolha do extrato de alfarroba (*Pakiabiglobosa)* para este trabalho de investigação baseia-se especificamente no facto de a planta estar facilmente disponível na Nigéria e, em particular, ser de natureza não tóxica. A sua dose letal média [LD50] é superior a $500mg^{-1}$ [Abalaka, 2014].

1.3 Finalidades e objectivos da investigação

O objetivo deste trabalho de investigação é investigar o efeito da inibição da corrosão da alfarroba (*Parkiabiglobosa*) no aço macio em solução de ácido clorídrico.

1.3.1 Os objectivos específicos deste trabalho de investigação incluem

a. Determinar se os extractos vegetais da alfarrobeira (*Parkiabiglobosa*) podem ser utilizados como inibidores da corrosão do aço macio em meio ácido.

b. Investigar a taxa de corrosão da barra de aço macio utilizando ácido clorídrico [HCl] após 1 hora e 3 horas, respetivamente.

1.4 Significado

O significado deste trabalho de investigação é descobrir novos extractos de plantas que possam ser utilizados como inibidores de corrosão para o aço macio e para outras aplicações industriais.

1.5 Justificação

As plantas Parkia biglobosa e bananeira são normalmente encontradas em grande abundância nos países da África Ocidental, incluindo a Nigéria. A sua disponibilidade e, mais importante, a sua natureza não tóxica satisfazem os requisitos básicos para a utilização dos seus extractos como inibidores; daí as razões para a sua escolha para este trabalho de investigação. A investigação das suas eficiências de inibição da corrosão e do seu mecanismo de inibição, portanto, acrescentará à lista de extractos de plantas baratos, não tóxicos e amigos do ambiente que podem ser utilizados como inibidores da corrosão para aço de baixo carbono em solução de ácido HCl.

1.6 Âmbito do estudo

Esta investigação envolve a determinação da taxa de corrosão do aço macio utilizando o método de perda de peso. A temperatura variou de 38^0 C, 45^0 C e 55^0 C, enquanto o tempo de imersão variou de 1h a 3h.

1.7 Limitação

A experiência foi limitada a 550C porque a investigação demonstrou que, a temperaturas mais elevadas, ocorre a dessorção dos extractos, diminuindo assim a sua eficácia. Além disso, as concentrações máximas de inibidor e os tempos de exposição utilizados nesta investigação foram limitados a 2,5 ml e 3 horas, respetivamente, porque, acima destes valores, não se verificou um aumento apreciável da eficiência do inibidor.

Capítulo 2

2.1 REVISÃO DA LITERATURA

A maioria dos metais é quimicamente instável e é capaz de reagir com determinados ambientes. Este processo é designado por corrosão. Os processos e as condições em que a corrosão ocorre são extremamente variados e complexos. De acordo com o corrosion Doctors (goggle.com), os requisitos para que a corrosão ocorra são os seguintes

- Um cátodo e um ânodo
- Um ambiente que contenha um reagente catódico capaz de oxidar o metal para um estado quimicamente combinado, por exemplo, a presença de água, ácidos, oxigénio, etc.
- Uma interface ambiental que permite a transferência de cargas eléctricas.

2.2 Mecanismo de corrosão

Fontana 1987 identificou os seguintes mecanismos de corrosão:

- Ataques químicos: Ocorre como resultado do ataque químico direto de meios gasosos à superfície metálica. Um exemplo típico é a oxidação do ferro à temperatura atmosférica ou mesmo a temperaturas mais elevadas, como ilustrado pela seguinte reação.

- $2Fe + O_2 = 2FeO$ .... (2.1)

A reação é um processo de oxidação-redução que pode ser representado ionicamente

Assim,

$Fe = Fe^{+2} + 2e$ .... (2.2)

$O + 2e = O^{-2}$ .... (2.3)

Corrosão húmida ou oxidação eletroquímica: Trata-se da ação da água e do oxigénio sobre um metal, de acordo com a seguinte reação.

$4Fe + 6H_2O + 3O_2 = 4Fe\ (OH)_3$ ....

(2.4)

2.1.1 Mecanismo de corrosão do aço macio em solução de HCl

Quando o aço macio está em contacto com uma solução de HCl, formam-se ânodos e cátodos locais em diferentes pontos. No ânodo local, o ferro oxida-se de acordo com a reação iónica abaixo descrita:

$$Fe = Fe^{+2} + 2e \quad \ldots\ldots \quad (2.5)$$

No cátodo local, a redução do hidrogénio ocorre de acordo com a reação abaixo:

$$2H^{+} + 2e = H_2 \quad \ldots\ldots \quad (2.6)$$

A reação global é $Fe + 2H^{+} = Fe^{+2} + H_2$ .... (2.7)

Em cada caso, o número de electrões perdidos no ânodo é sempre igual ao número de electrões ganhos no cátodo. As equações 2.5 e 2.6 constituem a base para a determinação da taxa de corrosão utilizando a perda de peso do metal no ânodo e o volume de hidrogénio evoluído no cátodo. Estas são frequentemente consideradas como medições gravimétricas e gasométricas, respetivamente. O método gravimétrico foi utilizado para avaliar os efeitos de inibição da corrosão dos extractos de plantas neste trabalho de investigação.

2. 2Princípios gerais da inibição da corrosão

Fontana (1987) definiu inibidor de corrosão como uma substância que, quando adicionada em pequena quantidade ao meio corrosivo, provoca uma redução apreciável da sua ação corrosiva. De acordo com o Corrosion Doctors (www.goggle.com), os inibidores previnem ou minimizam a corrosão através de uma das seguintes formas:

- Remoção da atmosfera poluída e redução da humidade atmosférica.
- Tornar o ambiente menos agressivo, removendo os constituintes que facilitam a corrosão.
- Remoção do oxigénio dissolvido na corrosão aquosa.

2.2.1 Classificação dos inibidores de corrosão

Fontana (1987) e os médicos de corrosão (pesquisa no Google) classificaram os inibidores de corrosão em: inibidores catódicos/anódicos, inibidores orgânicos, inibidores passivantes, inibidores precipitantes e inibidores de corrosão voláteis. Os Corrosion Doctors definiram os inibidores de passivação como substâncias que causam uma grande deslocação anódica do potencial de corrosão, forçando a identificação dos inibidores metálicos:

i. Aniões oxidantes, como cromatos, nitretos, nitratos, etc., que podem passivar aço na ausência de oxigénio.

ii. Iões não oxidantes, tais como fosfatos, tungstatos e molibdatos, que requerem a presença de oxigénio para passivar o aço.

Os seguintes factores afectam a corrosão do aço de baixo carbono em soluções ácidas: a composição do aço, a concentração e o tipo de inibidor, a temperatura, a concentração e o tipo de ácido e a interação entre o inibidor e o metal em solução. O autor explicou ainda que a inibição da corrosão diminui com o aumento da concentração de ácido e da temperatura, enquanto a eficiência dos inibidores aumenta com a concentração do inibidor (Njoku, 2002).

De acordo com Rahim e Kasim (2008), os inibidores de corrosão podem ser divididos em duas grandes categorias: os que aumentam a formação de uma película protetora de óxido através de um efeito oxidante e os que inibem a corrosão absorvendo-se seletivamente na superfície do metal e criando uma barreira que impede o acesso do agente corrosivo à superfície. No primeiro grupo encontram-se materiais como cromatos inorgânicos, nitratos inorgânicos, molibdatos e nitratos orgânicos. O segundo grupo inclui materiais como os carbonatos, silicatos e fosfatos e moléculas orgânicas que contêm heteroátomos como o azoto, o enxofre, o fósforo e o oxigénio. Segundo eles, os estudos mostraram que a eficiência da inibição pode ser qualitativamente relacionada com a quantidade de inibidor absorvido na superfície do metal. A absorção de inibidores é regida pela carga residual na superfície do metal e pela natureza e estrutura química do inibidor. Os dois principais tipos de adsorção de um inibidor numa superfície metálica são a adsorção física ou eletrostática e a quimissorção. A adsorção física é devida à atração eletrostática entre os iões ou dipolos inibidores e a superfície eletricamente carregada do metal. O processo de adsorção física tem uma energia de ativação baixa e é relativamente independente da temperatura. As quimisorções são provavelmente o tipo mais importante de interação entre as superfícies metálicas e uma molécula inibidora nos sistemas de inibição da corrosão. O processo de quimisorção é mais lento do que a sorção eletrostática e tem temperaturas mais elevadas.

Antropov (1992) classifica os inibidores de corrosão como inibidores de fase líquida e de fase de vapor. Segundo ele, os inibidores mais utilizados para soluções neutras são compostos inorgânicos do tipo aniónico e os inibidores de corrosão para soluções ácidas são quase exclusivamente substâncias orgânicas sob a forma de grupos amino, imino, carboxílico e este.

Njoku (2002) investigou os efeitos dos inibidores, formaldeído e benzaldeído, na corrosão de aço de baixo carbono em solução de ácido clorídrico, utilizando os métodos de perda de peso e de evolução do hidrogénio. Descobriu que o formaldeído, o acentaldeído e o benzaldeído inibiam tanto a corrosão como as reacções de evolução do hidrogénio dos aços de baixo carbono em solução de ácido clorídrico num grau variável, o que implica a existência de inibidores anódicos e catódicos.

Rammelt el al (2009), investigaram a taxa de corrosão do aço macio na presença de inibidores de corrosão em fase de vapor selecionados (VCIs). Em particular, a sua capacidade de vaporização foi avaliada pelo teste de sublimação e o seu papel no mecanismo de inibição do aço macio foi investigado por métodos electroquímicos, como o potencial de circuito aberto (OCP) e as medições de espetroscopia de impedância eletroquímica (EIS). Na presença de alguns carboxilatos, aminas e azóis isolados ou em mistura, formou-se uma camada protetora no aço macio em solução neutra e alcalina. Verificou-se também que o mecanismo de passivação dependia fortemente do pH da solução.

A utilização de inibidores anódicos só é segura quando a taxa de corrosão é totalmente controlada pela reação anódica. Por conseguinte, é aconselhável que os inibidores anódicos sejam utilizados apenas quando se conhecem as concentrações limite a partir das quais estes inibidores começam a ser perigosos. Os inibidores catódicos, por outro lado, são seguros em todos os casos, uma vez que quaisquer concentrações destes inibidores reduzirão a taxa e a intensidade da corrosão, enquanto os inibidores mistos são menos perigosos do que os inibidores anódicos puros e, em alguns casos, podem não aumentar a intensidade da corrosão (Rozenfeld, 1981).

El-Etre e Abdullah (2000) investigaram a ação inibidora do mel no aço-carbono que é utilizado no fabrico de oleodutos em águas altamente salinas. Verificaram que o mel natural apresentava um desempenho muito bom como inibidor do aço em água altamente salina. A eficiência da inibição da corrosão também aumentou com a concentração do mel natural, mas após algum tempo, a eficiência da corrosão diminuiu devido ao crescimento de fungos no meio. Verificou-se que a adsorção do mel natural no aço-carbono segue a isotérmica de adsorção de Langmuir.

Oguzie (2005) investigou a inibição da corrosão do corante azul de metileno (MB) em H2SO4 2M. Verificou-se que a eficiência de inibição do (MB) aumentava com a concentração e aumentava sinergicamente na presença de aditivos halogenados (KCl, KBr, KI). A tendência da eficiência de inibição com a temperatura sugeriu que as moléculas inibidoras são fisicamente adsorvidas na superfície do metal corroído a concentrações mais baixas.

Tang et.al (2003), no seu trabalho de investigação sobre os efeitos do vermelho neutro na inibição da corrosão do aço laminado a frio em HCl 1M, estabeleceram que o vermelho neutro é um inibidor eficaz da corrosão do aço laminado a frio em HCl 1M. Concluíram que o vermelho neutro é um inibidor de tipo misto para o aço e que actua por um processo de adsorção, que obedece à Isotérmica de Adsorção de Langmuir. Acrescentaram que os inibidores eficientes possuem muitos electrões e pares de electrões não partilhados nos átomos de azoto ou de enxofre dos inibidores, que são adicionados ao orbital d do ferro e, através da transferência de electrões, pode ocorrer adsorção química na superfície do aço. A composição e a estrutura do vermelho neutro foram, portanto, consideradas como satisfazendo os requisitos de um inibidor eficiente.

Selim e Ateya (1977), na sua investigação, descobriram que os compostos orgânicos que têm propriedades inibidoras fazem-no absorvendo-se no substrato metálico, o que constitui um passo inicial do seu processo de inibição.

Mohana e Madiea (2008), investigaram os efeitos inibidores da mistura de nitrato de sódio e bórax na taxa de corrosão do aço de baixo carbono em meio de água industrial a várias temperaturas, várias concentrações de inibidor de nitrato de sódio e bórax e a várias velocidades racionais dos espécimes, utilizando medições gravimétricas e de polarização. Foi feita a otimização das três variáveis e a correlação dos resultados através do método estatístico Box-Wilson. O processo foi considerado como adsorção de iões inibidores na camada de óxido que formou uma película passiva na superfície do metal. A isoterma de Langmuir foi considerada a melhor descrição para o processo de adsorção.

Bentiss et al (2002) investigaram a eficiência de 2,-bis (n-metoxifenil) e 1,3,4 oxadizoles (n-mox) como inibidores de corrosão para aço macio em HCl 1M e H2SO4 0,5M através de medições de perda de peso e estudos electroquímicos. Os resultados mostraram que estes inibidores revelaram um bom inibidor de corrosão mesmo em concentrações muito baixas. A comparação dos resultados entre os obtidos pelos oxidazóis estudados mostrou que o 2- MOX foi o melhor inibidor. Verificou-se que se comportava melhor em HCl 1M do que em H2SO4 0,1M. As curvas de plaqueamento indicaram que o 2-MOX é um inibidor misto em HCl 1M, mas em H2SO4 0,5M, o modo de inibição do 2-MOX dependia do potencial do elétrodo e de 25 a 60e. A energia de ativação associada foi determinada e a adição de 2-MOX levou a uma diminuição da energia de ativação. A adoção do 2-MOX na superfície do aço macio em ambos os meios ácidos segue um modelo de isoterma de Langmuir. Obteve-se uma correlação significativa entre a eficiência e os índices químicos calculados, indicando que a variação da inibição com as estruturas dos inibidores pode ser explicada em termos de propriedades electrónicas.

Kalpana et.al (2008) estudaram os efeitos inibidores do brometo de butil trifnil fosfonam (BuTPPB) na corrosão do aço macio em solução ácida de H2SO4 0,5M e as suas caraterísticas de adsorção utilizando a medição da polarização galvonostática e da polarização potenciostática. O estudo foi também complementado por espetroscopia de infravermelhos (IR), microscopia eletrónica de varrimento (SEM) e cálculos quânticos.

A medição da polarização galvanostática mostrou que a presença de BuTPPB em soluções de H2SO4 0,5M diminuiu com o aumento da corrosão a uma temperatura constante. A 298K, a eficiência do inibidor foi de 94,5% para 10^{-7} M BuTPPB que aumentou para cerca de 99,5% para 10^{-2} M. O efeito de temperaturas que variam de 298K a 338K, a curva de polarização indicou claramente que o BuTPPB actuou como um inibidor de tipo misto. A adsorção do BuTPPB na superfície do aço macio seguiu a isotérmica de Langmuir. A medição da polarização potenciostática mostrou que a passivação foi observada apenas para concentrações mais baixas de BuTPPB (10^{-5} e 10^{-7} mol^{-1}) para o aço macio em solução de H2SO4 0,5M (Schmitt, 1984). Shaker (2008) estudou o efeito de inibição do composto di-tioureia-succinamida contra o aço-carbono a concentrações de inibidor de 100, 200, 300, 400, 500 e 600 ppm em solução de HCl 0,5M. Foram aplicados os métodos de perda de peso, potencial de circuito aberto (OCP), polarização potenciodinâmica da região tafel catódica e anódica e espetroscopia de impedância eletroquímica (EIS). Os dados de corrosão, tais como a taxa de corrosão (Icorr), o potencial de corrosão (Ecorr), a resistência à corrosão (Rp), a área de superfície de cobertura (O) e a eficiência (11%) foram determinados a partir de cada técnica através de um programa informático.

Os resultados de perda de peso, OPC, polarização Tafel e EIS indicaram que a eficiência aumenta com o aumento da concentração do inibidor de corrosão.

2.2.2 A utilização de plantas como inibidores de corrosão

Martinex (2002) mencionou que alguns extractos de plantas podem ser utilizados como inibidores de corrosão. Atribuiu o seu efeito inibidor à presença de taninos nos seus constituintes químicos. De acordo com Hagerman (1988), tanino é qualquer composto fenólico de peso molecular suficientemente elevado contendo hidroxilos suficientes e outros grupos adequados (por exemplo, carboxilos) que formam um complexo eficazmente forte com proteínas e outras macromoléculas nas condições ambientais específicas que estão a ser estudadas.

Matt Richards (2000), estabeleceu que a maioria das árvores contém tanino, que se concentra na camada da casca. Acrescentou que quanto mais fina for a casca triturada, mais rápida e facilmente se extrai o tanino. Waterman e mole (1994) acrescentam que a análise química do tanino pode ser efectuada através do método calorimétrico, do método gravimétrico e do método de precipitação proteica. Segundo ele, os taninos encontram-se nos vacúolos ou na cera superficial da planta, localizados nos tecidos das folhas, nos tecidos dos gomos, nos tecidos das sementes, nos tecidos das raízes e nos tecidos do caule.

Agdel-Gaber (2008) investigou a dupla função da folha de figueira (ficus cariea L.) como anti-calcário e inibidor da corrosão do aço, utilizando espetroscopia de impedância eletroquímica (EIS), técnicas de polarização potenciostática e potenciodinâmica. Os resultados obtidos mostraram que o extrato da planta inibiu a corrosão do aço nas condições testadas. As curvas de polarização indicaram que o extrato de folha de figueira actuou como um inibidor anódico, reduzindo a dissolução do metal.

Os taninos são inibidores da digestão que actuam no trato digestivo de um animal ligando-se ao substrato a ser digerido, inibindo assim as enzimas digestivas (Scalbert, 1991). Estes taninos também se encontram nas plantas, o que os torna úteis como inibidores. De acordo com Pandian e Mathur (2007), os extractos de plantas tornaram-se fontes importantes e ambientalmente aceitáveis, prontamente disponíveis e renováveis para uma vasta gama de inibidores, pois contêm fontes ricas de ingredientes (taninos) que têm uma eficiência de inibição muito elevada.

Os taninos têm uma vasta aplicação, com utilizações que vão desde o tanino, conhecido há milénios, passando pelas utilizações médicas, até às utilizações na indústria alimentar. O significado biológico (por exemplo proteção das plantas contra insectos, doenças e herbívoros) e as utilizações actuais (por exemplo, no fabrico de couro) e novas utilizações promissoras (por exemplo, como produtos farmacêuticos e conservantes da madeira) dos taninos baseiam-se na sua complexação com outros biopolímeros (por exemplo, proteínas e hidratos de carbono ou iões metálicos).

Badiea e Mohana (2008) investigaram os efeitos das folhas de rabanete e do cominho preto como extractos de plantas no comportamento de corrosão do aço de baixo carbono em água industrial no intervalo de temperatura de 30-800C e no intervalo de velocidade de 1,44 - 2,02ms^{-1} utilizando polarização potenciodinâmica, EIS e medições de perda de massa. Verificou-se que a eficiência de inibição aumenta com o aumento da concentração do extrato da planta até ao valor crítico, mas diminui ligeiramente com o aumento da temperatura. Os valores da eficiência de inibição obtidos a partir da perda de massa e da potenciodinâmica estavam em concordância razoável. A polarização potenciodinâmica indicou claramente que os extractos de folhas de rabanete e de cominho preto actuaram como inibidores anódicos. A MEV indicou que, na presença dos extractos de plantas, a película formada na superfície metálica era lisa e não apresentava grandes fissuras ou áreas danificadas. Ogozi (2005) investigou a inibição da corrosão do aço macio utilizando os extractos de occium viridis em solução de HCl e H2SO4 nas gamas de temperatura de 30^0 a 60^0 C. Os resultados indicaram que a inibição da corrosão do extrato aumentou com o aumento da concentração dos extractos em ambos os meios. O estudo da temperatura revelou uma diminuição da eficiência com o aumento da temperatura e as energias de ativação aumentaram na presença dos extractos, o que provavelmente implica que a absorção física das espécies catiónicas pode ser responsável pela inibição.

Yawas (2008) investigou as caraterísticas de inibição da corrosão da Parkia clappertoniana e da Magnifera indica em aço-carbono em solução ácida, utilizando a perda de peso e a técnica mecânica. Estabeleceu que a inibição aumentava com o aumento da concentração para uma dada temperatura e que um aumento da concentração do inibidor acima de 5% não causava qualquer alteração apreciável no desempenho dos inibidores. Os resultados obtidos revelaram que os dois inibidores orgânicos retardaram as reacções anódicas e catódicas através da formação de uma película absorvida dos inibidores na superfície do metal.

Abdel-Gaber (2006) investigou os efeitos inibidores dos extractos de nigella sativa e phaseolus vulgaris no aço-carbono em meio ácido; observou-se que os extractos serviram como inibidores eficazes para a corrosão do aço em meio H2SO4. Verificou-se que a inibição aumenta com o aumento da concentração dos extractos de plantas até uma concentração crítica. Verificou-se que as acções dos extractos de plantas obedecem aos modelos Lagmuir, Florry-Higgins e cinético-termodinâmico.

Chauham e Gunasekaran (2005) estudaram o efeito de inibição do extrato da planta Zenthoxylamatalum na corrosão do aço macio em solução aquosa de ácido clorídrico a 5% e 15%. Verificaram que a eficácia da inibição da corrosão aumentava com o aumento da concentração do extrato. Verificou-se que o extrato da planta reduzia mais a corrosão do aço em solução de HCl a 5% do que em solução de HCl a 15%. Verificou-se que a absorção do extrato da planta na superfície do aço obedece à isotérmica de absorção de Langmuir.

Ogozi (2008) avaliou o efeito inibidor de alguns extractos de plantas na corrosão de aço macio em HCl 2M e H2SO4 1M utilizando uma técnica gasométrica à temperatura de 30^0 C e 60^0 C. Os materiais vegetais incluíram extractos de folhas de occimumviridis (OV), telferiaoccidentalis (TO), azdirachtaindica (AI) e hibiscus saddariffa, bem como extractos da semente de garcinia kola (GK). Os resultados indicaram que o extrato inibiu a corrosão tanto em HCl 2M como em H2SO4 1M em virtude da adsorção e verificou-se que a eficiência da inibição melhorava com a concentração. Os mecanismos de inibição foram deduzidos a partir da dependência da temperatura da eficiência de inibição, bem como da avaliação dos parâmetros cinéticos e de ativação que regem os processos. A análise comparativa do comportamento de adsorção do inibidor em 2M Rd e 1M H2SO4, bem como os efeitos da temperatura e dos aditivos halogenados sugeriram que tanto as espécies protonadas como as moleculares poderiam ser responsáveis pela ação inibidora dos extractos.

Emranuzzaman et.al (2004) investigaram os efeitos sinérgicos do formaldeído e do extrato alcoólico de folhas de plantas para a proteção do aço N8O em HCl a 15%, utilizando medições de perda de peso a temperaturas até 363K, usando várias proporções de concentração dos dois inibidores. Verificou-se que a eficiência do inibidor diminuía com o aumento da temperatura para todos, exceto para duas das várias proporções de concentração estudadas. Depois de identificar estas duas misturas mais promissoras, os seus efeitos de prevenção da corrosão do aço N8O em HCl foram estudados em mais pormenor por redução de peso e medições de polarização potenciostática. A taxa de corrosão do aço é reduzida pela presença de pequenas adições dos inibidores. Verificou-se que a extensão da diminuição depende da natureza do inibidor de corrosão e da sua concentração. As eficiências de inibição das duas misturas de inibidores à base de plantas foram comparadas com as de dois inibidores de corrosão disponíveis comercialmente na indústria petrolífera. Em todos os casos, a adsorção dos inibidores no aço pareceu seguir a isoterma de adsorção de Frumkin ou Langmuir. Os testes de polarização potenciostática revelaram que os inibidores eram principalmente do tipo anódico.

Mabrour (2004) investigou a inibição da corrosão do cobre em solução de NaCl 0,1M na presença de tanino vegetal utilizando técnicas potenciodinâmicas. O tanino foi extraído das galhas de Takaout (Tamarixarticulata). O ácido gálico produzido foi utilizado como representante das espécies de taninos e revelou-se um inibidor anódico. A eficácia inibidora do tanino foi avaliada a partir das curvas de polarização anódica e da medição da impedância e foi de 93,2% para uma concentração de tanino de 2,0 g/l. Observou-se também que a presença de tanino alterou o mecanismo de dissolução do cobre numa solução de NaCl 0,1 M. Os estudos microscópicos de varrimento do estado da superfície revelaram a formação de produtos de camada de corrosão.

Afida (2008) investigou a ação inibidora dos taninos de mangue e do ácido fosfórico em aço pré-ferruginoso através de métodos electroquímicos. Foi avaliada a ação inibidora do tanino de mangue extraído das cascas de mangue e do ácido fosfórico sobre o aço pré-ferruginoso numa solução de NaCl a 3,5% e a eficiência inibidora foi comparada com a dos taninos de mimosa. A partir dos estudos electroquímicos, a inibição das soluções contendo 3,0 g/l de taninos dependia da concentração do ácido fosfórico adicionado e do pH da solução. A pH 0,5 e pH 2,0, a inibição foi maior com a concentração de ácido fosfórico adicionada no pH da solução. A pH 2,0, a inibição foi maior apenas com os taninos de mangue e de mimosa, a pH 5,5. A adição de ácido fosfórico sozinho deu a maior inibição.

Chetouani et al (2004) estudaram a influência da adição de óleo de jojoba na corrosão do ferro em HCl molar utilizando a medição da perda de peso e métodos de polarização eletroquímica. Verificou-se que a taxa de corrosão foi significativamente reduzida na presença de jojoba. A eficiência da inibição da corrosão aumentou com o óleo de jojoba para atingir uma inibição de 100% a 0,515g/l de óleo de jojoba, indicando que o óleo de jojoba era um excelente inibidor da corrosão. Verificou-se também que um aumento da temperatura apenas afectava ligeiramente a eficiência da inibição. Verificou-se que o modo de absorção do óleo de jojoba obedece à isotérmica de Frumkin.

Ayeni et al (2007) investigaram a inibição da corrosão da hibiscus teterifa na corrosão da liga Al-Zn-Mn fundida a frio em solução de NaOH 0,5M utilizando o método de perda de peso. Verificou-se que a adsorção da hibiscus teterifa podia impedir a corrosão da liga. Verificou-se que o mecanismo de inibição se processa através da absorção física na superfície da liga, bloqueando os locais de corrosão activos na liga, reduzindo assim a taxa de corrosão. Verificou-se que o modo de adsorção obedece à isotérmica de adsorção de Langmuir.

Odeshi e Adepoju (1997) investigaram o efeito de adições de iões estranhos de Hg^{++} e Sn^{++} no desempenho da corrosão de aço de carbono médio em fluido de mandioca, tomate e sumo de pimenta utilizando a medição eletroquímica do potencial. Os resultados mostram que a presença de iões Hg^{++} nos três meios deslocou o potencial na direção da região ativa. A adição de iões Sn^{++} ao fluido de mandioca também deslocou o potencial da região ativa; a presença dos iões nos sumos de tomate e de pimento deslocou o potencial na direção da região nobre. O teste de perda de peso indicou que os iões H^{++} , quando presentes nos três meios, aceleraram a taxa de ataque de corrosão do aço. A presença de iões Sn^{++} no fluido de mandioca também aumentou a taxa de ataque. Por outro lado, os iões Sn^{++} , quando presentes nos sumos de tomate e de pimento, funcionaram como inibidores da corrosão.

2.2.3 Inibição da corrosão em solução ácida

A absorção é o passo principal na obtenção da inibição em soluções ácidas. Isto é uma consequência do facto de a superfície metálica a ser inibida estar normalmente livre de óxidos, permitindo ao inibidor o acesso imediato para retardar os processos electroquímicos catódicos e/ou anódicos de corrosão. Uma vez que o inibidor tenha sido absorvido na superfície, pode então afetar as reacções de corrosão de várias formas: oferecendo uma barreira física à difusão de iões ou moléculas para ou a partir da superfície metálica; bloqueando diretamente os locais de reação anódica e/ou catódica; a interação com os intermediários da reação de corrosão altera a composição da dupla camada eléctrica que se desenvolve na interface metal/solução e, assim, afecta a taxa de reacções electroquímicas. O inibidor adsorvido pode não cobrir toda a superfície metálica, mas ocupa locais que são electroquimicamente activos, reduzindo assim a extensão da reação anódica ou catódica ou ambas. A taxa de corrosão será reduzida proporcionalmente ao grau em que os locais electroquimicamente activos são bloqueados pelo inibidor absorvido (Rahim e Kassim, 2008).

2.2.4 Inibição da corrosão em solução quase neutra

A inibição da corrosão de metais e ligas em soluções aquosas quase neutras também pode ser conseguida. Os processos de corrosão resultam na formação de produtos superficiais pouco solúveis, tais como óxidos, hidróxidos ou sais, a reação catódica parcial de redução do oxigénio. Nestes casos, a ação inibidora será exercida sobre a superfície coberta de óxido, aumentando ou mantendo as caraterísticas protectoras do óxido ou das camadas superficiais nas soluções agressivas. A deslocação de moléculas de água pré-absorvidas por moléculas de inibidor adsorvidas pode ser geralmente considerada como o passo fundamental da inibição. Como resultado da adsorção do inibidor na superfície metálica coberta de óxido, podem existir diferentes mecanismos de inibição.

Na presença de inibidores que restringem a difusão do oxigénio, encontram-se camadas superficiais espessas com fracas propriedades condutoras electrónicas; estes aditivos interferem com a reação de redução do oxigénio e são referidos como inibidores catódicos. Os aditivos que dão origem a filmes passivantes finos inibem geralmente a reação de dissolução anódica do metal; consequentemente, estes tipos de inibidores são considerados inibidores anódicos (Rahim e Kassim, 2008)

2.3 Isotérmicas de adsorção

Ao formular sistemas de inibidores orgânicos, é necessário conhecer o mecanismo dos inibidores e a aplicação do campo das moléculas em causa. É geralmente aceite que as moléculas orgânicas inibem a corrosão por adsorção na superfície do metal/solução e que o grau de adsorção depende da estrutura química das moléculas, da composição química das soluções, da natureza da superfície do metal, da temperatura e do potencial eletroquímico na interface metal/solução (Dahan et al. 1999). Darnaskin e Stenina (1986) revelaram que, se estiverem disponíveis dados sobre o grau de cobertura da superfície pelo inibidor, a isotérmica de adsorção pode ser determinada e a natureza desta isotérmica fornece informações valiosas sobre o comportamento da substância absorvida, bem como sobre as suas interações com a superfície do elétrodo.

De acordo com Tang et.al (2003), o processo de adsorção pode ser explicado utilizando o modelo termodinâmico, enquanto o modelo cinético é útil para explicar o mecanismo de inibição da corrosão de um inibidor. Foram propostas muitas equações para descrever a isotérmica de adsorção. Os dados experimentais são, na maioria das vezes, melhor descritos pelas seguintes isotérmicas de adsorção:

1. Isotérmicas de adsorção de Langmuir que são representadas matematicamente como

$$Kc = \theta / (1 - \theta) \qquad (8)$$

Onde 0 é a cobertura da superfície (ver equação 20), K é a constante de equilíbrio de adsorção e c é a concentração da substância na solução, em moles por litro.

2. Isotérmicas de adsorção de Frumkin que é representada pela expressão:

$$Kc = \theta / (1 - \theta) \exp(-f\theta) \qquad (9)$$

Onde f é uma função da energia de adsorção. (Tang, 2003, Chctouani et al, 2004)

3. Isotérmicas de adsorção de Temkin que são representadas pela expressão:

$$Kc = \exp(a\theta) - l/l - \exp(-1(1 - \theta) \qquad (10)$$

Onde a é uma constante de atração, a constante de equilíbrio de adsorção, K é encontrado a partir da energia livre de adsorção

$$K = \exp(-\Delta\sigma / RT) \qquad (11)$$

Onde o é a tensão interfacial e R é a constante do gás que pode ser calculada a partir do grau de cobertura da superfície. (Tang et al., 2003)

2.3.1 Adsorção física e química de inibidores

O fenómeno de adsorção é essencialmente uma atração de moléculas absorventes para uma superfície adsorvente. A concentração preferencial de moléculas na proximidade de uma superfície ocorre porque as forças de superfície de um sólido adsorvente são insaturadas. As forças repulsivas e atractivas equilibram-se quando ocorre a adsorção. A adsorção é quase sempre um processo exotérmico. Os processos de adsorção podem ser classificados como adsorção física (adsorção de Vander Waals) ou quimisorção (adsorção activada), dependendo do tipo de forças entre o adsorvato e o adsorvente. Na adsorção física, a individualidade do adsorvato e do adsorvente é preservada. Na quimisorção, há uma transferência ou partilha de electrões ou quebra do adsorvato em átomos ou radicais que se ligam separadamente. A adsorção física ocorre rapidamente e pode ser uma camada mono-molecular (unimolecular) ou monocamada ou 2,3 ou mais camadas de espessura (multi-molecular). Quando a adsorção física tem lugar, começa por ser uma monocamada. Em seguida, pode tornar-se multicamada e, se os poros tiverem um tamanho próximo ao das moléculas, ocorre mais adsorção até que os poros estejam cheios de adsorbato. Em contrapartida, a quimisorção envolve a formação de ligações químicas entre o adsorvato e o adsorvente e pode ser lenta e reversível.

A adsorção física ocorre em condições adequadas de temperatura-pressão, enquanto a quimisorção ocorre apenas através da formação de uma ligação química com ambas as superfícies. Uma molécula fisicamente adsorvida pode ser removida inalterada a uma pressão reduzida à mesma temperatura em que a adsorção ocorreu, mas não as camadas quimisorvidas, a adsorção física pode envolver a formação de uma monocamada enquanto a quimisorção é sempre completada pela formação de uma monocamada. Em alguns casos, a adsorção física pode ocorrer no topo da monocamada quimisorvida. A adsorção física é instantânea, enquanto a quimissorção, embora possa ser instantânea, requer geralmente energia de ativação (Fischer et al, 2009)

2.3.2 Cinética de adsorção

A taxa de adsorção, R_{ads}, de uma molécula numa superfície pode ser expressa da mesma forma que qualquer processo cinético. Por exemplo, quando é expressa em termos da pressão parcial da molécula na fase gasosa acima da superfície:

$$R_{ads} = K'P^x \quad \text{(12)}$$

Em que x = ordem cinética, K' = constante de velocidade e P = pressão parcial

Se a constante de velocidade for então expressa na forma de Arrhenius, obtém-se uma equação cinética com a forma

$$R_{ads} = A \exp(-E_a / RT).\ P^x \quad \text{(13)}$$

Onde Ea = energia de ativação para adsorção e A = fator pré-exponencial (frequência).

Os factores que controlam a taxa de adsorção incluem:

1. A velocidade de chegada das moléculas à superfície.

2. A proporção de moléculas incidentes que sofrem adsorção

1 .e. podemos expressar a taxa de adsorção (por unidade de área de superfície) como um produto do fluxo molecular incidente, F e a probabilidade de aderência, S.

$$R_{ads} = S.F \text{ (molecules } m^{-2}s^{-1}) \quad \ldots\ldots\ldots\ldots\ldots\ldots \quad (14)$$

O fluxo de moléculas incidentes é dado pela equação de Hertzx-Knudsen

$$\text{Flux, } F = P / (2\pi mkT)^{1/2} \text{ (molecules } m^{-2}s^{-1}) \quad \ldots\ldots\ldots\ldots \quad (15)$$

Onde P = pressão, N/m^2 ; m = massa, kg ; T = temperatura, K
A probabilidade de aderência é claramente uma propriedade do sistema adsorvato/substrato em consideração, mas deve situar-se no intervalo $0 < S < 1$; pode depender de vários factores, sendo o principal deles a cobertura existente de espécies adsorvidas (0) e a presença de qualquer barreira de ativação à adsorção. Em geral, portanto,

$$S = f(\theta).\exp(-E_a / RT) \quad \ldots\ldots\ldots\ldots\ldots\ldots \quad (16)$$

Onde, mais uma vez, Ea é a energia de ativação para a adsorção e f (0) é uma função, ainda não determinada, da cobertura superficial existente das espécies adsorvidas.
Combinando as equações para S e F, obtém-se a seguinte expressão para a taxa de adsorção (Fischer et al, 2009):

$$R = \frac{f(\theta).P}{\sqrt{2\pi kT}} \exp(-E_a)/ RT \quad \ldots\ldots\ldots\ldots\ldots\ldots \quad (17)$$

2.4 Parâmetros termodinâmicos

De acordo com Chetouani et al (2004), a inibição da corrosão pode ser bem explicada utilizando um modelo termodinâmico quando o calor de adsorção, a energia livre de adsorção e a entropia de adsorção são conhecidos.
De acordo com a equação de Van't Hoff,

$$\text{Ln } k = (\Delta H) / RT + \text{Constant} \quad \ldots\ldots\ldots\ldots\ldots\ldots \quad (18)$$

A fórmula é utilizada para obter o calor de adsorção, AH, traçando a regressão linear entre ln(k) e 1/T.

A energia livre de adsorção padrão (AG°) pode ser obtida utilizando a equação:

$$Kc = (C/55.5)\exp(-\Delta G_{ads}/RT) \quad (19)$$

Quando é utilizada a isotérmica de adsorção de Langmuir, então:

$$(C/55.5)\exp(-\Delta G_{ads}/RT) = \theta/(1-\theta) \quad (20)$$

A entropia de adsorção padrão ASo pode ser calculada utilizando a equação termodinâmica básica, assim:

$$\Delta G^{o} = \Delta H^{o} - T\Delta S^{o} \quad (21)$$

2.5 Parâmetros cinéticos

O modelo cinético é outra ferramenta útil que pode ser utilizada para explicar o mecanismo de inibição da corrosão. Aqui, o logaritmo da taxa de corrosão (r) é representado como uma função de linha reta de 1/T do aço em meio ácido, assim:

$$Ln(r) = E_a/RT + ln(A) \quad (22)$$

Em que Ea representa a energia de ativação aparente, R é a constante universal dos gases, T é a temperatura absoluta e A é o fator pré-exponencial (Tan et al, 2003).

2.6 Inibidores experimentais

2.6.1 Benzoato de sódio (C_6H_5COONa)

O Benzoato de Sódio é utilizado há muito tempo como inibidor de corrosão. O seu mérito reside no facto de proteger alguns não-metais contra a corrosão, para além do aço. O Benzoato de Sódio não é um agente oxidante, pelo que é pouco provável que intensifique a corrosão ao participar diretamente no processo catódico em concentrações insuficientes para a supressão total da corrosão. Não forma compostos insolúveis. Ao contrário dos inibidores inorgânicos (silicatos, carbonatos e fosfatos), por esta razão não é suscetível de provocar corrosão local (Rozenfield, 1981).

De acordo com Kuznetsov (2004), os benzoatos são inibidores eficientes do tipo adsorção e dificultam a passivação através da introdução de vários substituintes no anel benzénico. Os polifosfatos de sódio, os silicatos de sódio, o tetraborato de sódio (bórax) e o

benzoato são inibidores não oxidantes utilizados para proteger o ferro e os aços em águas neutras e ligeiramente alcalinas (David e James, 1998).

2.6.2 Banana

A banana é um fruto comestível produzido por várias espécies de grandes plantas herbáceas floridas do género Musa parandisica. O fruto é variável em termos de tamanho, cor e firmeza.

As espécies de Musa são nativas da Indomalásia tropical e da Austrália e da maioria dos países da África Ocidental. É uma planta alimentar bem conhecida na Nigéria. É uma importante fonte de amido. Pode crescer até uma altura de 2 metros e as folhas têm a forma de um escudo e podem atingir um metro.

2.6.3 Parkia Biglobosa (Alfarroba)

A Parkia Biglobosa é uma árvore perene com uma altura que varia entre 7-20 metros, embora possa atingir 30 metros em condições excepcionais. A copa é grande e larga, com ramos baixos sobre um buraco estreito; a goma âmbar exclui as feridas; a casca é cinzenta-escura, castanha, espessa e fissurada.

A árvore dá os primeiros frutos entre 5 e 10 anos; a precocidade é variável, os frutos começam a amadurecer imediatamente antes da primeira chuva e continuam durante a maior parte da estação.

Capítulo 3

3.1 MATERIAIS E MÉTODOS

3.2 Aparelhos e equipamentos

Os aparelhos e o equipamento utilizados na realização desta investigação incluem: exsicadores, funil, bureta, suporte de retorta, banho-maria, papéis de esmeril de 240 a 600 graus e uma balança de massa analítica.

3.3 Materiais

3.3.1 Aço macio

Para este trabalho de investigação, foi utilizado um varão de aço macio e a sua análise química foi efectuada através da técnica de fluorescência de raios X (XRF).

O resultado da análise química do aço macio é apresentado no quadro 3.1

Tabela 3.1: Análise química do aço macio

Fe	C	Si	Mn	S	P	Cr	V	Al	Ni
0.25	0.16	0.4	0.7	0.04	0.04	8	0.15	0.02	0.032

Fonte: Projeto de estrutura de aço macio MIT-Department and Civil Engineering and Environment.

3.3.2 Inibidores

Foram utilizados três inibidores durante o curso deste trabalho de investigação. Dois dos inibidores eram o extrato da planta: Alfarroba (*Pakiabiglobosa*) e seiva de banana, enquanto o terceiro era um inibidor padrão: ácido clorídrico (HCl).

O extrato de alfarroba (Pakiabiglobosa) e a seiva da bananeira foram extraídos e foi realizado o rastreio fitoquímico. Utilizaram-se pós secos de alfarroba para o rastreio e a extração. A extração [o constituinte mais importante dos extractos, ou seja, o tanino, que é o principal constituinte que provoca a inibição da corrosão] foi extraído utilizando o extrator Soxlet (Yawas *et al,* 2005). O resultado desta análise é apresentado na tabela 3.2

Quadro 3.2 Análise da composição fitoquímica de *Parkiabiglobosa*

Co nstituintes químicos da planta					Indicação da pontuação
	Éter de petróleo	Clorofórmio	Acetato de etilo	Metanol	Água
Alcalóides	-	-	-	-	+
Glicosídeos	-	-	-	-	++
Saponinas	+	-	-	+	-
Taninos	-	-	-	++	++
Flauonoides	-	-	+	+	-
Polifenóis	-	-	-	-	-

Chave
++: Presente em abundância
+ : Presente
- Composto ativo ausente
Fonte: Revista Africana de Investigação Biomédica Vol. 5/Ajaiyeoba

Quadro 3.3 Análise fitoquímica da seiva da bananeira

	Gasolina éter	**Clorofórmio**	**Acetato de etilo**	**Metanol**	**Água**
Hidratos de carbono	-	-	-	-	-
Reduzir o açúcar	-	-	-	-	-
Alcanóides	+	-	-	+	-
Taninos	-	-	-	++	++
Flouonoides	-	-	+	+	-
Tepenóides	-	-	-	+	-
Filobotanina	-	-	-	-	-
Coumaninas	-	-	-	+	+
Cicloglicosídeo	-	-	-	+	-
Fenóis totais	+	-	-	+	+
Quininos	-	-	-	-	-

Antraquinonas	-	-	-	-	-
Esteróides	-	-	-	-	-

Tecla: "++" Composto ativo copiosamente presente

"+" Presente composto ativo

"-" Ausência de composto ativo

Fonte: Curr. Res. J. BioL. Sci. 5(1): 26-29, 2013

3.3 Métodos

3.3.1 Solução ácida

A solução ácida utilizada neste estudo é HCI 0,5M. A concentração do ácido é mantida constante ao longo desta investigação. Esta concentração é escolhida de forma a permitir que uma quantidade razoável de reacções ocorra dentro do período de tempo selecionado, considerando
a pequena área dos cupões. As concentrações dos inibidores variaram assim: 0,5 ml, 0,1 ml, 1,5 ml, 2,0 ml e 2,5 ml em água destilada para cada um dos inibidores, a fim de determinar o efeito da variação das concentrações dos inibidores na taxa de corrosão e na eficiência do inibidor.

3.3.2 Preparação das amostras

O aço macio, sob a forma de um varão, foi seccionado em pequenos provetes (cupões), de dimensões: 2,0cm x 1,5cm x 1,0cm. Os cupões são lixados com uma série de papéis de esmeril de 220 a 600 graus de modo a expor as superfícies das amostras. O espécime abrasionado é então lavado, desengordurado, seco e pesado com uma balança analítica e armazenado num exsicador para evitar uma maior interação com o ambiente.

3.3.3 Procedimentos experimentais

Antes do início da experiência, a solução ácida é preparada diluindo HCl concentrado em água destilada para obter uma solução de HCl 1M. A solução contendo 0,1g/cm^3 dos extractos é preparada dissolvendo os extractos secos em água destilada na presença de etanol para facilitar o processo de dissolução. A partir destas soluções de reserva, foram preparadas as seguintes concentrações de inibidores: 0,5ml, 1,0ml, 1,5ml, 2,0ml e 2,5ml de água destilada.

A instalação experimental consiste num copo que contém a solução de HCl. Duas amostras de aço pesadas são suspensas no copo que contém a solução de ácido HCl. O copo é colocado num banho de água que tem capacidade para regular a temperatura. A taxa de corrosão é monitorizada de hora a hora durante três horas, ou seja, a primeira amostra é retirada após uma hora e a segunda após três horas. Cada uma das amostras retiradas da solução é lavada, seca, novamente pesada e registada. O mesmo procedimento é repetido a 45°C e 55°C sem inibição.

O mesmo procedimento acima é efectuado para o inibidor cuja concentração variou assim: 0,5ml, 1,0ml, 1,5ml, 2,0ml e 2,5ml em água destilada. Na presença de inibidores, a experiência foi conduzida a 38°C, 45°C e 55°C para avaliar os efeitos da mudança de temperatura na taxa de corrosão e na eficiência inibidora do extrato. A perda de peso registada é utilizada para determinar os parâmetros.

3.4 Cálculo dos diferentes parâmetros utilizados na experiência

3.4.1 Cálculos

A corrosão em cada caso foi calculada da seguinte forma:

Taxa de corrosão $(Cr) = \frac{Weightloss}{SurfaceAreaXTime} = \frac{g}{cm^2}/min$ --------------------------- (3.1)

Superfície total do cupão = 2(1 x *b* + *b* x 1 + *b* x *h)* = 2(1,5+ 1,5x1) = 2(4) = *8 cm²*

3.4.2 Eficiência do inibidor

Os valores da eficiência do inibidor e da cobertura da superfície são determinados para cada um dos dois inibidores de acordo com Quraishi e Jamal (2002) como influxos:

$IE = (r_0 - r)/r_0 \times 100(\%)$-- (3.2)

Onde; r_0= taxa de corrosão na ausência de um inibidor

r = velocidade de corrosão na presença de um inibidor.

A cobertura da superfície 0, é calculada a partir da fórmula: $\theta = (r_0 - r)/r_0$

Capítulo 4

4.1 RESULTADOS E DEBATES

4.2 Resultados

A taxa de corrosão da amostra de aço na ausência e na presença do inibidor utilizado a diferentes temperaturas e tempos de exposição foi calculada utilizando a equação 3.1. Os valores das eficiências de inibição do inibidor foram calculados utilizando a equação 3.2. Os valores obtidos utilizando as várias equações foram utilizados para traçar diferentes gráficos, conforme apresentado abaixo:

Tabela 4.1: Taxa de corrosão na ausência de inibidor após 1h e 3h para a *seiva de bananeira*

Tempo (Hr)	Cr a 380C (g/cm^3 /min)	Cr a 450C (g/cm^3 /min)	Cr a 550C (g/cm^3 /min)
1	11.25×10^{-4}	4.16×10^{-4}	1.37×10^{-4}
3	8.75×10^{-4}	3.75×10^{-4}	1.27×10^{-4}

Tabela 4.2: Taxa de corrosão na ausência de inibidor após 1h e 3h para *Parkia biglobosa*

Tempo (Hr)	Cr a 380C (g/cm^3 /min)	Cr a 450C (g/cm^3 /min)	Cr a 550C (g/cm^3 /min)
1	11.25×10^{-4}	4.16×10^{-4}	1.37×10^{-4}
3	8.75×10^{-4}	3.75×10^{-4}	1.27×10^{-4}

Tabela 4.3: Taxa de corrosão na presença de inibidor após 1 hora em diferentes concentrações e temperaturas para *Parkia biglobosa*

Concentração do inibidor (ml)	Cr a 380C (g/cm^3 /min)	Cr a 450C (g/cm^3 /min)	Cr a 550C (g/cm^3 /min)
0	1.62×10^{-4}	6.08×10^{-4}	8.75×10^{-4}
0.5	1.35×10^{-4}	6.00×10^{-4}	5.83×10^{-4}
1.0	1.20×10^{-4}	5.35×10^{-4}	5.41×10^{-4}
1.5	1.16×10^{-4}	3.89×10^{-4}	4.79×10^{-4}
2.0	0.95×10^{-4}	0.45×10^{-4}	4.58×10^{-4}
2.5	0.85×10^{-5}	0.37×10^{-4}	4.37×10^{-4}

Tabela 4.4: Taxa de corrosão na presença de inibidor em diferentes concentrações e temperaturas para *Parkia Biglobosa* a 3 horas

Concentração do inibidor (ml)	Cr a 380C (g/cm^3 /min)	Cr a 450C (g/cm^3 /min)	Cr a 550C (g/cm^3 /min)
0	5.76 x10^{-5}	7.48 x10^{-4}	3.88 x10^{-4}
0.5	5.48 x10^{-5}	6.72 x10^{-4}	2.43 x10^{-4}
1.0	5.34 x10^{-5}	4.92 x10^{-4}	2.22 x10^{-4}
1.5	4.09 x10^{-5}	4.88 x10^{-4}	2.15 x10^{-4}
2.0	3.88 x10^{-5}	4.35 x10^{-4}	2.01 x10^{-4}
2.5	3.40 x10^{-5}	3.52 x10^{-4}	1.80 x10^{-4}

Tabela 4.5: Taxa de corrosão na presença de inibidor após 1 hora de seiva de banana em diferentes concentrações e temperaturas após 1 hora

Concentração do inibidor (ml)	Cr a 380C (g/cm^3 /min)	Cr a 450C (g/cm^3 /min)	Cr a 550C (g/cm^3 /min)
0	11.25 x10^{-4}	4.16 x10^{-4}	1.37 x10^{-4}
0.5	8.75 x10^{-4}	3.75 x10^{-4}	1.27 x10^{-4}
1.0	8.33 x10^{-4}	3.54 x10^{-4}	1.18 x10^{-4}
1.5	8.33 x10^{-4}	3.12 x10^{-4}	1.02 x10^{-4}
2.0	6.25 x10^{-4}	2.70 x10^{-4}	0.91 x10^{-4}
2.5	4.16 x10^{-4}	2.29 x10^{-4}	0.83 x10^{-4}

Tabela 4.6: Taxa de corrosão na presença de inibidor após 1 hora de seiva de banana em diferentes concentrações e temperaturas após 3 horas

Concentração do inibidor (ml)	Cr a 380C (g/cm^3 /min)	Cr a 450C (g/cm^3 /min)	Cr a 550C (g/cm^3 /min)
0	5.41 x10^{-4}	3.81 x10^{-4}	5.97 x10^{-4}
0.5	3.12 x10^{-4}	3.54 x10^{-4}	5.55 x10^{-4}
1.0	0.90 x10^{-4}	3.33 x10^{-4}	5.34 x10^{-4}
1.5	0.55 x10^{-4}	3.19 x10^{-4}	5.20 x10^{-4}
2.0	0.48 x10^{-4}	3.05 x10^{-4}	5.13 x10^{-4}

2.5	0.37 x10^{-4}	2.98 x10^{-4}	4.72 x10^{-4}

Tabela 4.7: Eficiência do inibidor em diferentes concentrações e temperaturas após 1 hora para *Parkiabiglobosa*

Concentração do inibidor (ml)	Ie a 38^0 C (%)	Ie a 45^0 C (%)	Ie a 55^0 C (%)
0.5	5.2	9.5	38
1.0	7.0	33.8	44
1.5	29.8	35.1	46
2.0	33.3	41.9	49
2.5	40.4	52.7	54

Tabela 4.8: Eficiência do inibidor em diferentes concentrações e temperaturas após 3 horas para *Parkiabiglobosa*

Concentração do inibidor (ml)	Ie a 38^0 C (%)	Ie a 45^0 C (%)	Ie a 55^0 C (%)
0.5	18.75	1.6	33
1.0	25.0	14.8	38
1.5	31.2	37.7	46
2.0	43.8	91.8	48
2.5	50.0	95.0	51

Tabela 4.9: Eficiência do inibidor a diferentes temperaturas e concentrações após 1 hora para a seiva da bananeira

Concentração do inibidor (ml)	Ie a 38^0 C (%)	Ie a 45^0 C (%)	Ie a 55^0 C (%)
0.5	22.1	9.7	7.6
1.0	26.6	14.6	15.3
1.5	26.5	24.3	23.0
2.0	45.1	34.1	30.7
2.5	62.8	46.3	38.4

Tabela 4.10: Eficiência do inibidor a diferentes temperaturas e concentrações após 3

horas para a seiva da bananeira

Concentração do inibidor (ml)	Ie a 38^0 C (%)	Ie a 45^0 C (%)	Ie a 550C (%)
0.5	42.5	7.8	6.7
1.0	83.3	13.1	10.1
1.5	90.7	18.4	11.8
2.0	92.5	21.0	13.5
2.5	94.4	23.6	20.3

4.3 Discussão dos resultados

A observação visual das duas categorias de cupões, isto é, com e sem inibidor, após a exposição, revela alterações na cor dos cupões, de superfícies brilhantes para superfícies baças. As alterações de cor foram mais intensas nos cupões expostos à solução sem o extrato.

Isto mostra que a taxa de corrosão diminui com o tempo, mas aumenta com o aumento da temperatura. As variações da taxa de corrosão foram classificadas em (Cr) 55° C > (Cr) 45° C > (Cr) 38° C, o que está de acordo com as conclusões de Ayeni, 2007. Também indica que à medida que o tempo de exposição aumenta, a taxa de corrosão diminui.

O extrato vegetal de *Parkiabiglobosa* a 38°C registou uma taxa de corrosão máxima de 1,62g/cm^3 /min após 1 hora de exposição e uma eficiência de corrosão de 50% e após 3 horas uma taxa de corrosão máxima de 5,76g/cm^3 /min e uma eficiência de 38%. A 45°C, foram registados 6,08g/cm^3 /min e uma eficiência de corrosão de 33%. Enquanto que a 55° C 8,75g/cm^3 /min é a taxa de corrosão máxima e a eficiência do inibidor é de 38%. A redução da taxa de corrosão com a concentração de *Pakiabiglobosa* indica que, a uma concentração mais elevada, estão disponíveis mais espécies inibidoras para bloquear os locais de corrosão, formar películas na superfície do aço ou absorver-se no aço, reduzindo assim a taxa de corrosão. O aumento da taxa de corrosão com a temperatura não é inesperado. Isto está de acordo com o efeito da temperatura na taxa de reação química.

A eficiência inibidora da *Pakiabiglobosa* no meio ácido após a exposição de 1 hora registou a eficiência mínima de 1,6% a 45°C e 95,0% também é registado como o máximo a 45°C com a concentração de 2,5 ml do inibidor mostrado na tabela 4.4.1. Enquanto que após 3 horas a eficiência mínima é de 5,4% a 38°C e o máximo de 54% a 55°C com concentração de 2,5ml do inibidor mostrado na tabela 4.5.1. Isto implica que as taxas de corrosão diminuem com o aumento da concentração do inibidor e o tempo de exposição. Mas aumentando com o aumento da temperatura, a eficiência do inibidor foi classificada como *Pakiabiglobosa* com 95,0%.

O extrato vegetal de seiva de banana a 38°C registou uma taxa de corrosão máxima de 11,25g/cm^3 /min após 1 hora de exposição e uma eficiência de corrosão de 62,8% e após 3 horas uma taxa de corrosão máxima de 5,41g/cm^3 /min e uma eficiência de 94%. A 45°C, foram registados 4,16g/cm^3 /min e uma eficiência de corrosão de 46,3%. Enquanto a 55°C, 1,37g/cm^3 /min é a taxa de corrosão máxima e a eficiência do inibidor é de 46,3%. A redução da taxa de corrosão com a concentração de seiva de banana indica que, com uma concentração mais elevada, há mais espécies de inibidores disponíveis para bloquear os locais de corrosão, formar películas na superfície do aço ou absorver-se no aço, reduzindo assim a taxa de corrosão. O aumento da taxa de corrosão com a temperatura não é inesperado. Isto está de acordo com o efeito da temperatura na taxa de reação química.

A eficiência do inibidor da seiva da banana no meio ácido após exposição de 1 hora registou a eficiência mínima de 7,6% a 55% e 62,8% é também registada como o máximo a 38°C com a concentração de 2,5 ml do inibidor, como se mostra na tabela 4.4.2. Enquanto que após 3 horas, a eficiência mínima é de 6,7% a 55°C e a máxima de 94,4% a 38°C com concentração de 2,5ml do inibidor, como mostrado na tabela 4.5.2. Isto implica que o tempo de exposição. Mas aumentando com o aumento da temperatura, a eficiência do inibidor foi classificada como banana com 94,4%

CONCLUSÃO E RECOMENDAÇÕES

Conclusão

A partir do resultado da medição da perda de peso para a investigação das propriedades de inibição da corrosão do extrato da planta *Pakiabiglobosa* em solução de ácido clorídrico, foram feitas as seguintes conclusões:

i. *Pakiabiglobosa e* o extrato de *seiva de banana* são inibidores de corrosão eficazes para

aço macio em meio ácido.

ii. Verificou-se que as taxas de corrosão diminuem com o aumento da concentração do inibidor e do tempo de exposição, mas aumentam com o aumento da temperatura. A eficiência de inibição do inibidor foi classificada no *Pakiabiglobosa tem* 95,0% enquanto a seiva de banana tem 94,0%.

iii. O resultado mostra que *a Pakiabiglobosa e o extrato de seiva de banana são* melhores inibidores em solução de HCl 1M.

Recomendações

1. O efeito da variação da concentração do ácido deve ser investigado a fim de estabelecer a concentração em que o extrato não será eficaz.
2. Os efeitos dos extractos de plantas como inibidores de corrosão em meio alcalino devem ser investigados para outras aplicações em meios básicos.
3. Os resultados obtidos com esta investigação devem ser comparados com os resultados obtidos com o método eletroquímico para verificação.
4. Outros extractos de plantas não tóxicos e eficazes que possam ser utilizados como inibidores devem ser investigados para acrescentar à lista de extractos de plantas que podem ser utilizados como inibidores para aço macio e outras aplicações industriais em diferentes resultados.

REFERÊNCIAS

Abel-Gaber A.M (2006). Ação inibidora de alguns extractos sobre a corrosão do aço em meios ácidos. Ciência da Corrosão, Vol. 48, Edição 9, Pp 2765-2779

Abel-Gaber A.M (2008). Novel Environmentally Friendly Plant Extract as Anti-scale and corrosion inhibitor, Recent development of vegetable Tannins in corrosion protection recent patents on material science 2008, Vol. 1, No 3, Pp 223

Abiola, O.K e Oforka, N.C (2004): Inibição da corrosão do aço macio em solução de decapagem de ácido clorídrico. Jornal de ciência e tecnologia da corrosão 2, Pp. 116-118.

Afidah A. Rahim (2008). Ação inibidora dos taninos de mangue e do ácido fosfórico no aço pró-ferrugem através de métodos electroquímicos. Corrosion Science, Vol. 50, Issue 6, Pp 1546-1550.

Revista Africana de Investigação Biomédica Vol.5, Ajaiyeoba.

Associação Americana de Galvanizadores (2015). 6881 South Holy Circle, Suite 108

Centennial, Colsorado 8112

Sociedade Americana de Metais, OHIO (1982): Pickling of iron and steel, Metal Handbook, nona edição vol. 5, pp.68-82; 2014.

Antropov, L (1972). Theoretical Electrochemistry, Mir Publisher, Moscow Pp. 532 - 540.

Ayeni F.A, Victor Aigbodion e S.A Yaro (2007). Extrato de planta não tóxica como inibidor de corrosão para liga de Al-Zn-Mg fundida a frio em solução de soda cáustica, Eurasian Chem Tech Journal Vol. 9, 2007.

Bentiss F.M, Traisnel, N. Chaibi, B Mernari, H. Vezin. M. Lagren (2002). 2,5-Bes (n-metoxi-hferil) 1,3,4-Oxadiazóis utilizados como inibidores de corrosão em meios ácidos: Correlação entre eficiência de inibição e estrutura química.

Bilgic, S e Sahim, M (2001): Material Chemistry and Physics. 70:290

Boukla, M., Hammoliti, B e Benkaddour, M. (2005). Inibição da corrosão do aço em ácido clorídrico por novos derivados de bipirrol. Pigment and Resin Technology, Emerald Group Publishing Ltd 34(4): 197-202

Chauham G. Cunasekaran (2005). Inibição da corrosão do aço macio por extractos de plantas em solução diluída de HCl.

Chetouani A. I-Iammouti B.e Benkaddour (2004). Inibição da corrosão do ferro em ácido clorídrico pelo óleo de jojoba. Pigment and Resin Technology Vol. 33, No 1, Pp 26-

Médicos de Corrosão (pesquisa no Google). Introdução aos inibidores de corrosão.

Curr. Res. J. Biol. Sc. 5(1): 26-29, 2013.

Dahan E. (1999). Efficient Quaternary Ammonium salt as corrosion inhibitor for steel pickling in Sulphuric acid media, Anti corrosion Method and Materials, Vol. 46, No 5, Pp 358-363.

Damaskin, B.B. e Stenina, E. V (1986). Eletroquímica 22:315

David Taibnt e James Talbol (1998). Ciência e Tecnologia da Corrosão Pp.

117

Ebenso, E.E Hke, U.P, Moran, S. Estudos de Inibição de Corrosão de alguns extractos de plantas em Alumínio em Meio Ácido usando Papaia Carioca e Adiraachta Índia. Jornal de Ciência e Tecnologia da Corrosão, publicado pela NICA, Nigéria, Vol. 1, 96, 2004

El-Etre A.Y e Abdallah (2000). Investigação da ação do mel natural na corrosão do aço carbono em água altamente salina: Departamento de Química, Faculdade de Ciências, Universidade de Benha, Benha, Egito.

Emrauzzaman, Kumar T, Vishvvanatham, S e Uclayabhanu, G (2004). Efeitos sinérgicos do formaldeído e do extrato alcoólico de folhas de plantas para proteção do aço N80 em HCl a 15%. Jornal Africano de Química Pura e Aplicada Vol. 2, Edição 1, Pp. 107-115

Evans, W.C (1996): Trease and Evan's Pharmacology. 14th Edition. W.B Saunders Company Ltd, Londres. Pp. 15-775.

Fiseher, E (2009). Poriugaliae Electrochemical Ada 2009, 27(1), 33-45, ISSN 16471571

Fisher, I.T (1971). Inibidores de Corrosão, Química da Corrosão, Sociedade Americana de Química, Série de Simpósios 89, Pp 270

Fontana M.G e Grccnc N.D (1987). Corrosion Engineering, Third Edition, McGraw 1 Till. Singapura.

Goode, B.J, Jones, R.D e Howells, J.N (1996): Kinetics of pickling of low carbon steel, Iron making and steel making, Vol. 23, No. 2, Pp. 164-168.

Gosta Wanglen (1982): Introdução à corrosão dos metais.

Hagerman A.E, Klucher K.M (1986). Tannin-Protein Interactions in Plant Flavanpids in Biology and Medicine (www.goggle.com)

Hagennan, A.E (1988). Extração de taninos de folhas frescas e conservadas. Journal of Chemical Ecology, 14:453-461.

Horvanth, T, Kalman, E. Kutsan, G e Rauscher, A (2004): Corrosion Journal, Vol. 29 Nos3 pp.215-218.

Kalpana Bharara, Mansung Kirn e Gurmeet Singh (2008). Efeitos inibidores do brometo de butil trifcnil fosfónio na corrosão do aço macio em solução de ácido sulfúrico 0,5M e suas caraterísticas de adsorção. Corrosion Science Vol. 50, Issue 10, Pp 2747-2754.

Kasim Auwal (2008). Inibição da Corrosão de Aço Carbono Médio por Materiais Sintéticos e Extractos de Plantas em Solução Ácida de Tetraoxosulfato VI, Tese de Mestrado, Pep 1 of Metallurgy, ABU, Zaria

Espaço Kennedy (2015). Propriedades dos materiais, Flórida.

Kuznctsov Yu (2004). Physiochemical Aspects of Metal Corrosion Inhibition in Aqueous Solutions (Aspectos físico-químicos da inibição da corrosão de metais em soluções aquosas). Academia Russa de Ciências & Turpion Ltd. Vol. 73, Pp 7587

Mabrour, J (2004). Efeito de Taninos Vegetais na Dissolução Anódica de Cobre em Soluções de Cloretos. Ciência da Corrosão, Vol. 46, Edição 8, Pp 1833-1847

Martinez, S (2002). Material Chemistry and Physics, Pp 77-97, Matt Richards (2000), Bark Tannin, (Goggle.com)

Mohana K.N andf Badiea A.M (2008). Effects of Sodium Nitrite-borax blend on the corrosion rate of low carbon steel in industrial water medium, Dept. of Studies in Chemistry, University of Mysore, India. Corrosion Science Vol. 50, Issue 11.

Njoku, R.E (2002): Efeitos de inibidores, formaldeído, acetaldeído e benzaldeído na corrosão de aço de baixo carbono em solução de decapagem de ácido clorídrico, Tese de Mestrado, Departamento de Metalurgia, AB.U, Zaria.

Odeshi A.G e Adepoju O.T (1997). Os efeitos das adições de iões Sn^{++} e Hg^{++} na suscetibilidade à corrosão do aço de carbono médio em agrofluidos, NJTE Vol. 14, No 2, Pp 112-123.

Ogozie E, Emeka (2005). Investigação da inibição da corrosão do corante azul de metilo em solução 2M H2SO4.

Ogozie E, Emeka (2008). Avaliação dos efeitos inibidores do extrato vegetal de Occimum viridis (OV), Telferia Occidentalis (TO), Azdirachita Indica (AI), Hibiscus sabdariffa e extractos da semente de garcinia kola (GK) na corrosão do aço macio em meio ácido. Ciência da Corrosão Vol. 50, Pp 2993-2998

Okafor, E.G, Oloche O.B e Yaro S.A (2008). Inibição da Corrosão do Compósito Fundido Al- 4.5%Cu/15ZrSiO. Participate Composite in Hydrochloric Acid Solution by lLanthanide Chloride, Publicado pela Nigerian Metallurgical Society, 2008, Pp 10119

Pandian B.R e Mathur G.S (2007). Natural Products as Corrosion Inhibitor for Metals in Corrosive Media, Departamento de Química, Gandhigram Rural Instituite Deemed University, Índia.

Quraishi, M.A e Jamal, D (2002): Inibição da corrosão do aço macio na presença de trizóis de ácidos gordos. Jornal de Eletroquímica Aplicada 32:425-430.

Rahim, A e Kassim, J (2008): Desenvolvimento recente de taninos vegetais na proteção contra a corrosão do ferro e do aço. Patentes recentes na ciência dos materiais, 2008, Vol. 1, Pp. 223-231, Bentham Science Publishers Ltd, Egito.

Rozenfeld, I.L (1981): Corrosion Inhibitors. Instituto de Química Física da Academia de Ciências da URSS.

Schmitt, O (1984): Uma aplicação de inibidores para meios ácidos, British Corrosion Journal Pp 99-130.

Walker, J.E (1997): The Biology of plant phenolics, Edward Arnolds Publishers, Inglaterra Pp. 44-60.

Yawas, D.S, Aku S.Y e Oloche, O.B (2005): Extractos de plantas não tóxicas como inibidores de corrosão de aço carbono em HCl. Jornal de ciência e tecnologia da corrosão NICA, Universidade de Port Harcourt, Vol. 3, No 1, Pp. 128-133.

Printed by Books on Demand GmbH, Norderstedt / Germany